西门岛海洋特别保护区遥感监测与分析

张华国　史爱琴　厉冬玲　编著

XIMENDAO HAIYANG TEBIE BAOHUQU

YAOGAN JIANCE YU FENXI

海洋出版社

2013年·北京

图书在版编目(CIP)数据

西门岛海洋特别保护区遥感监测与分析 / 张华国，
史爱琴，厉冬玲编著. — 北京: 海洋出版社, 2013.12

ISBN 978-7-5027-8755-4

Ⅰ.①西… Ⅱ.①张… ②史… ③厉… Ⅲ.①海洋 —
自然保护区 — 海洋遥感 — 浙江省 — 图集 Ⅳ.①X36-64

中国版本图书馆CIP数据核字(2013)第304674号

责任编辑：任　玲　苏　勤
责任印制：赵麟苏

海洋出版社 出版发行
http://www.oceanpress.com.cn
北京市海淀区大慧寺路 8 号　　邮编：100081
北京旺都印务有限公司印刷　　新华书店经销
2013 年 12 月第 1 版　2013 年 12 月北京第 1 次印刷
开本：889mm×1194mm　1 / 16　印张：5.5
字数：80千字　　定价：100.00 元
发行部：010-62132549　邮购部：010-68038093　总编室：010-62114335

海洋版图书印、装错误可随时退换

《中华人民共和国海洋环境保护法》第二十三条规定："凡具有特殊地理条件、生态系统、生物与非生物资源及海洋开发特殊需要的区域，可以建立海洋特别保护区，采取有效的保护措施和科学的开发方式进行特殊管理。"国家海洋局《海洋特别保护区管理办法》（国海发〔2010〕21号）也提出："国家保障和推动海洋特别保护区建设，促进海洋特别保护区的综合管理和科学研究。"

西门岛海洋特别保护区是经国家海洋局和浙江省人民政府批准，于2005年3月建立的第一个国家级海洋特别保护区，也是浙江省首个海洋特别保护区。保护区隶属于浙江省乐清市，位于浙江省三大湾之一的乐清湾北部，这里浅海滩涂面积广阔，海洋资源种类繁多，构成了以丰富的海洋生物资源、全国纬度最北的红树林群落和多种鸟类为主体的独特滨海湿地生态系统。保护区范围包括乐清市第一大海岛——西门岛以及周边广阔的滩涂湿地，总面积约3 080.15 hm²，包括西门岛景观区、环岛滨海生态保护景观区、南涂生态保护与开发区等三大功能区。西门岛红树林群落系1957年由人工引种而成，目前老红树林区约0.2 hm²，新种植红树林区约66.7 hm²，为黑嘴鸥等多种珍稀鸟类开辟了新的生长栖息环境。保护区建设突出对红树林的特别保护，通过滨海湿地资源保护，发展生态养殖、休闲渔业和滨海旅游，促进了当地生态环境保护和经济可持续发展。

2002年，国家海洋局第二海洋研究所受乐清市海洋与渔业局委托，在乐清西门岛进行滨海湿地资源调查和建区可行性研究，2004年完成了西门岛海洋特别保护区的选划论证，编制了海洋特别保护区建设发展规划，为保护区的建设发展提供了依据。2009年起，在海洋公益性行业科研专项"海洋特别保护区保护利用调控技术及应用示范——3S支持下的海洋特别保护区功能区综合评价与变化趋势分析及应用示范"项目的支持下，首次采用无人机航空遥感和高分辨率卫星遥感监测方法，结合现场观测和地理信息空间分析等多种技术手段，对西门岛海洋特别保护区进行调查和跟踪研究，建立保护区功能区变化趋势分析方法，科学地把握海洋特别保护区功能区现状及变化趋势。按照《海洋特别保护区功能分区和总体规划编制技术导则》（HY/T118—2010）的规定，为更好地协调重点保护与适度利用的关系，对保护区的功能区进行了调整，重新划分为三大功能区，即红树林重点保护区、适度利用区（西门岛适度利用区和南涂适度利用区）、生态与资源恢复区。由此，项目成果进一步丰富了海洋特别保护区保护与管理技术体系，为海洋特别保护区保护与管理提供技术支撑。

本书是海洋公益性行业科研专项任务的特色和亮点成果之一，在综合利用历史调查论证资料和现场调查资料的基础上，首次采用多时相高分辨率卫星遥感和无人机航空遥感手段，结合大量现场照片，对西门岛海洋特别保护区的海岛与岸线、土地利用、红树林和滨海湿地景观等进行了多时空维度的动态监测与分析。加深了对西门岛海洋特别保护区丰富多彩的海岛及其滩涂生态景观，尤其是保护区红树林生物群落、滩涂生态景观格局的时空演化的全面认识，使得对西门岛海洋特别保护区生态景观的认识从传统以点为主的局部认识上升到空间全覆盖时间序列化的系统认识。该成果对掌握西门岛海洋特别保护区生态景观格局演化特征，进一步把握保护区功能区变化趋势，对《浙江省乐清市西门岛海洋特别保护区总体规划（2012年—2030年）》的实施和"控制性详细规划"的编制与实施，促进保护区的建设和可持续发展，都具有十分重要的现实意义。

本书采用的遥感资料包括8期卫星遥感影像和1期航空遥感影像。其中卫星遥感影像包括Landsat-7 ETM+遥感影像（2000年5月13日成像）、SPOT-4卫星遥感影像（2003年9月9日成像）、SPOT-5卫星遥感影像（2006年8月19日成像）、IKONOS卫星遥感影像（2007年2月4日）和WorldView-1卫星遥感影像（2010年10月5日成像）各一期，WorldView-2卫星遥感影像3期（成像日期分别为2010年5月1日、2011年10月31日和2012年3月31日），主要用于西门岛海洋特别保护区的动态监测与景观演化分析。另外，首次采用无人飞机航空摄影方式，于2012年5月6日拍摄获取了极低潮位的高分辨率航空遥感影像，遥感影像空间分辨率为0.4 m，无人机航摄时东门村潮位站预报潮位为21 cm，据此获得了西门岛海洋特别保护区最为完整的滩涂景观信息。

本书中的现场照片除了作者现场拍摄外，由王小波、杨义菊、曾江宁等提供；李利红、王隽、常俊芳、巩彪和王小珍等参加了数据处理和现场观测验证工作，对此特别表示感谢！

本书的编写过程中得到了（海洋公益性行业科研项目负责人）王小波研究员的精心指导以及项目组成员曾江宁、杨义菊、廖一波、刘晶晶、江志兵和杜萍等的帮助；陈全振、冯旭文、夏小明、胡锡刚和杨劲松等专家对书稿及编排提出了宝贵的修改意见，在此一并表示感谢！

受资料收集限制及编者的水平粗浅，错漏和不妥之处在所难免，敬请广大读者批评指正！

作　者
2013年10月15日于杭州

目 录
CONTENTS

第一章 保护区概况

1 建区意义

　　西门岛位于浙南乐清湾的北部，是乐清市第一大岛，隶属于乐清市雁荡镇。这里浅海滩涂面积广阔，海洋资源种类繁多，构成了以丰富的海洋生物资源、全国纬度最北的红树林群落和多种珍稀鸟类为主体的滨海湿地生态系统，有着极大的开发研究和保护价值。为了保护乐清市西门岛及其滨海湿地多种独特的生物资源与海洋生态系统，合理开发海洋资源，提高海岛居民生活水平，促进海岛经济可持续发展，2005年3月，经国家海洋局和浙江省人民政府批准，设立了西门岛海洋特别保护区，是浙江省第一个国家级海洋特别保护区。

保护区字牌 ◄──

──► 保护区管理通告牌

2 保护区范围

西门岛海洋特别保护区范围包括西门岛及其广阔的滨海湿地，总面积3 080.15 hm²。

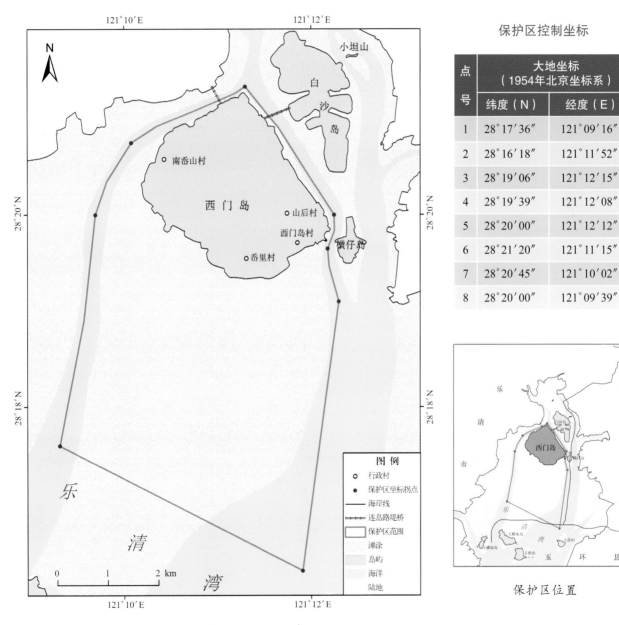

保护区控制坐标

点号	大地坐标（1954年北京坐标系）	
	纬度（N）	经度（E）
1	28°17′36″	121°09′16″
2	28°16′18″	121°11′52″
3	28°19′06″	121°12′15″
4	28°19′39″	121°12′08″
5	28°20′00″	121°12′12″
6	28°21′20″	121°11′15″
7	28°20′45″	121°10′02″
8	28°20′00″	121°09′39″

图例

○ 行政村
● 保护区坐标拐点
—— 海岸线
├┼┤ 连岛路堤桥
▭ 保护区范围
滩涂
岛屿
海洋
陆地

保护区位置

西门岛海洋特别保护区范围

③ 保护对象

　　保护区的总体保护目标是西门岛及其海洋生态系统。主要保护对象为：滨海湿地资源、红树林资源、湿地鸟类资源、海洋生物资源、海岛植物资源和旅游资源。

　　滩涂是保护区的主体部分，主要分布于西门岛南部。滩涂湿地面积达 2 385 hm²，其中约30%已开发利用为滩涂养殖。滩涂湿地有丰富的海洋生物资源，包括缢蛏、泥蚶、彩虹明樱蛤、珠带拟蟹守螺等37种岩礁性生物和92种泥滩生物。

滩涂中的养殖区，摄于2010年4月16日

广阔的滩涂湿地，摄于2010年4月16日

西门岛上码道附近的红树林

保护区拥有分布于我国最北端的红树林。该区域红树林最早于 1957 年引种成功，现有红树林面积 7.8 hm^2，主要集中分布于西门岛北部和西北部，西部有零星分布。

西门岛北部的红树林

白鹭

苍鹭

保护区拥有世界级濒危鸟类黑嘴鸥、黑脸琵鹭以及鹭鸟、鹬鸟类等涉禽为主的湿地水鸟，记录鸟类 6 目 12 科 16 种，其中夜莺为国家二级保护动物。

④ 保护与开发历程

1957 年	在西门岛上码道滩涂中栽种红树林，进行红树林引种试验。
1997 年	开始进行西门岛红树林与湿地保护的前期工作。
2000 年 4 月	雁荡镇人民政府制定了西门岛红树林保护区管理办法，把岛上仅存的上码道 0.2 hm² 红树林列为南岙山村重点保护基地。
2002 年 9 月	国家海洋局第二海洋研究所开始进行西门岛海洋特别保护区的科学考察、建区可行性研究和保护区建设发展规划的编制工作。
2003 年 5 月	西门岛被列入了"生态岛"建设规划。
2003 年 6 月	西门岛上 4 个村共同制定了《西门海岛环保公约》。
2004 年 7 月	《乐清市西门岛海洋特别保护区建设发展规划》通过专家评审。
2005 年 3 月	国家海洋局、浙江省人民政府批准设立西门岛海洋特别保护区，成为浙江省第一个国家级海洋特别保护区。
2006 年	乐清市人民政府大力推进西门岛海洋特别保护区建设，制作了保护区宣传广告牌；编制《乐清市西门岛海洋特别保护区本底调查报告》；西门岛南岙山村栽种 13.3 hm² 红树林种苗；开始修建沙门岛大桥。
2007 年	建成保护区大型山体字牌，拟定了《乐清市西门岛海洋特别保护区管理暂行办法》，筹建西门岛海洋特别保护区管理局，为开展保护区管理工作奠定基础。
2011 年 10 月	沙门岛大桥及南岙山村沿岛公路建成通车。
2013 年 1 月	西门岛太阳能垃圾处理站建成并投入使用，实现海岛生活垃圾"减量化、无害化、资源化"。

2000年制定的"红树林保护区管理办法"

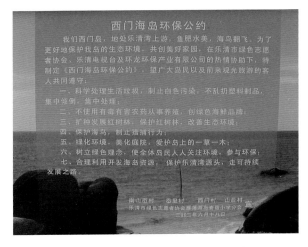

2003年制定的"西门海岛环保公约"

2006年8月南岙山村村民栽种红树林种苗

2007年建成的保护区字牌

2011年10月沙门岛大桥建成通车

2013年1月西门岛太阳能垃圾处理站建成

第二章　海岛与岸线

1 海岛与岸线现状监测

遥感监测结果显示，西门岛海岸线总长约 1.19×10^4 m。海岸均为人工岸线，由海塘堤坝和水泥路堤构成。利用 2000 年以来的 Landsat-7、SPOT-4/5、WorldView-2 等卫星遥感资料及航空遥感资料，解译得到了保护区 6 个历史时期的岛陆面积和岸线长度信息。

2000年至2012年西门岛岸线及面积统计

序号	年份	海岛面积（m²）	岸线长度（m）
1	2000	7 047 474	12 326
2	2003	7 047 474	12 326
3	2006	7 072 428	11 886
4	2010	7 085 983	11 913
5	2011	7 086 425	11 942
6	2012	7 086 425	11 942

南部的海塘堤岸 ←

→ WorldView-2卫星遥感影像上的海塘堤岸

② 岸线变迁分析

　　自2003年以来，由于围填海及道路、码头建设等开发活动，西门岛的岸线向外扩展，引起岸线变迁，岸线长度减少384 m，岛陆面积增加39 099 m²。岸线变化区域有南部的岙里村海塘建设区（A区）、西部的南岙山村道路修建区（B区）、北部的沙门岛大桥建设区（C区）和东南部的西门岛村围填区（D区）等4个区域。

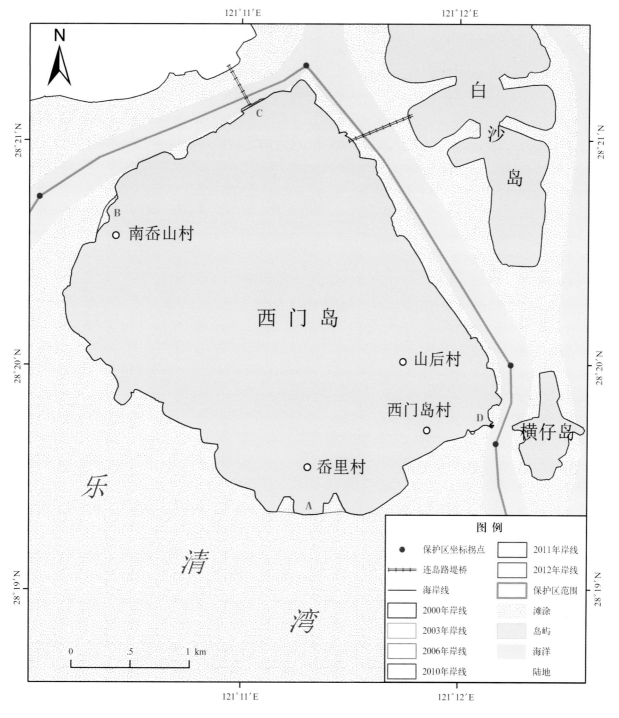

2000—2012年间西门岛岸线变迁遥感解译图

岙里村海塘岸线变化

通过 2003 年和 2006 年两期遥感影像对比分析，2003 年岙里村海塘有两处缺口，2006 年两处缺口已修建海塘，与两侧的海塘相连，并在堤上修建道路。导致 2003 年至 2006 年间，海岛面积增加了 24 954 m²，岸线长度减少了 440 m。

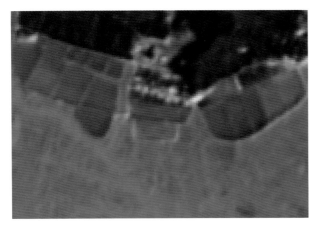

2003年9月9日成像的SPOT-4遥感影像

2006年8月19日成像的SPOT-5遥感影像

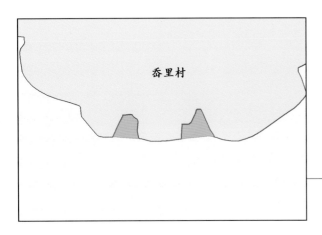

岙里村岸线变迁遥感解译图
（橙色为2003—2006年变化区域）

岙里村海塘，摄于2010年4月16日

南岙山村道路岸线变化

　　2006 年的遥感影像显示西部的南岙山村外围尚没有公路，2010 年的遥感影像显示正在建设沿岸公路，图中为向海围填的场面，2011 年的遥感影像图显示向海围填已完成，沿岸公路建成，并在村口留出一片空地。2012 年的现场照片显示水泥路已建成通车，村口空地已建有花坛、停车场。经解译此处岸线变迁区域面积为 10 244 m^2。

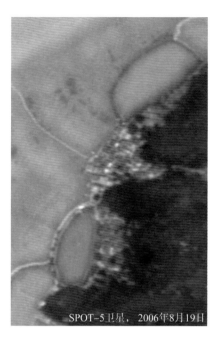

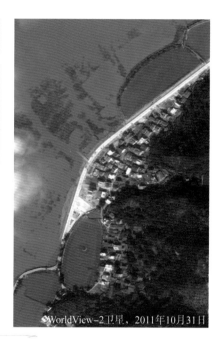

不同时期遥感影像

南岙山村岸线变迁遥感解译图
（红色为2006—2010年变化区域）

南岙山村公路，摄于2012年5月6日

沙门岛大桥头岸线变化

由 2006 年 SPOT-5 与 2010 年 WorldView-2 遥感影像对比可以发现，2006 年沙门岛大桥正在建设，桥西侧的西门岛山上植被茂盛，在 2010 年沙门岛大桥已基本建成，为了建桥修路，西门岛岸边的山体破坏，桥下岸边向海筑堤围填。

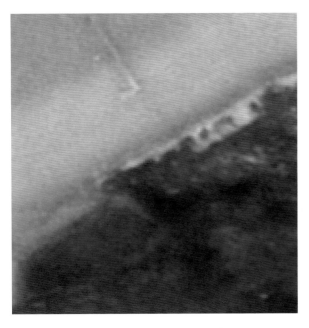

2006年8月19日成像的SPOT-5遥感影像

2010年5月1日成像的WorldView-2遥感影像

沙门岛大桥头岸线变迁遥感解译图
（红色为2006—2010年变化区域）

沙门岛大桥头围填区域，摄于2010年4月16日

西门岛围填变化

通过对比 2012 年和 2010 年的遥感影像，在西门岛村码头附近，向外突出了一块近长方形区域，2012 年的现场照片显示为向海围填的区域，经解译该变迁区域面积为 2 730 m²。

2010年5月1日成像的WorldView-2遥感影像

2012年5月6日成像的航空遥感影像

西门岛村岸线变迁遥感解译图
（紫色为2010—2012年变化区域）

西门岛村向海围填，摄于2012年8月10日

第三章　土地利用

1 土地利用现状监测

　　根据 2012 年航空遥感资料监测,西门岛面积 7 086 425 m²。岛上有 4 个居民村落,分别为人口最多的西门岛村、水产养殖面积最广的呑里村、种植红树林最早的南呑山村和风景秀丽的山后村。岛屿中央的山上植被茂盛,主要为有林地,占 54.34%;村落附近的坡麓丘陵地带为旱地,占 15.86%;湾呑内平原地带为水田和养殖池塘。沿岛有水泥路或土路,南呑山村有 2012 年新修建的公路。

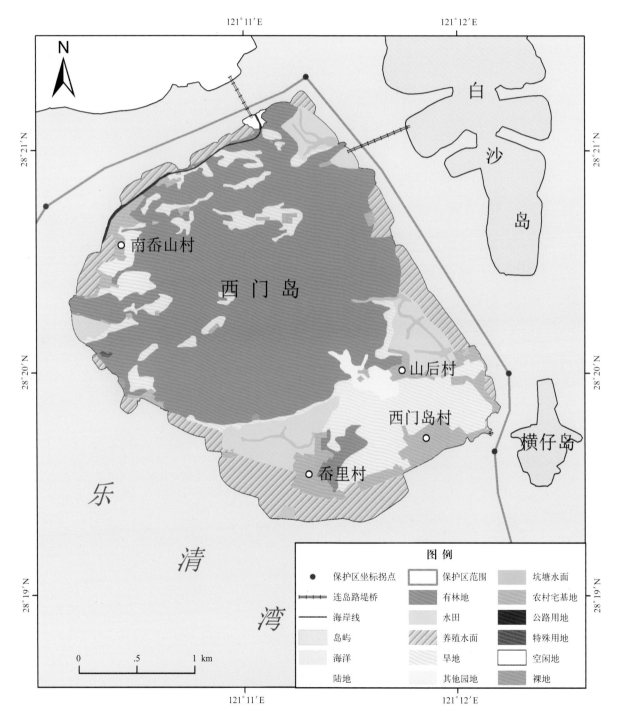

2012年西门岛土地利用现状遥感解译图

2012年西门岛土地利用现状统计表

序号	土地利用类型	面积（m²）	比例
1	有林地	3 850 926	54.34%
2	旱地	1 124 233	15.86%
3	养殖水面	817 348	11.53%
4	水田	561 781	7.93%
5	农村宅基地	501 654	7.08%
6	坑塘水面	96 076	1.36%
7	其他园地	85 719	1.21%
8	公路用地	23 404	0.33%
9	空闲地	15 220	0.22%
10	裸地	6 981	0.10%
11	特殊用地	3 083	0.04%
合计		7 086 425	100%

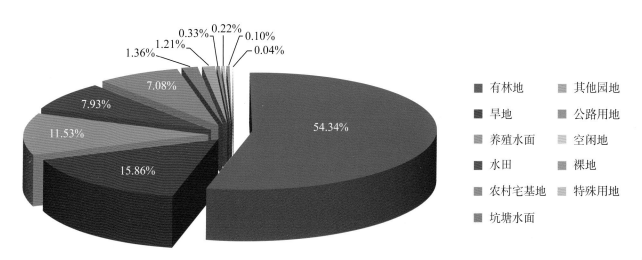

2012年西门岛土地利用现状类型统计

西门岛村

　　西门岛村位于西门岛东南部，是岛上的中心村，东西两侧分别与山后村和畚里村相接。在遥感影像中可见密集的居民村落沿山脚向岸边展布。西门岛村西端为以生态环保为特色的海岛寄宿小学，东端为西门岛码头。

西门岛村WorldView−2遥感影像，成像时间2012年3月31日

西门岛村，摄于2010年4月16日

山后村

　　山后村位于西门岛东部，居民点沿山岙和海岸分布，东南与西门岛村相接。遥感影像中可见村前格网状的水田，村后山上如绿色丝带般的梯田，西部民居依山势而建，掩映于青山绿水之间，如一幅美丽的图画。

山后村WorldView-2遥感影像，成像时间2012年3月31日

山后村，摄于2010年4月16日

南岙山村

南岙山村位于西门岛的西部。在遥感影像中可见多处居民聚落，其中以北部的面积最大，建筑最新。遥感影像图和照片显示该村新建了沿岛公路、停车场和花坛等。村前有鱼塘和水产养殖区，村后山上有旱地和林地。

南岙山村WorldView-2遥感影像，成像时间2012年3月31日

南岙山村，摄于2012年8月10日

岙里村

岙里村位于西门岛的南部，东接西门岛村。遥感影像图中可见居民区分布于公路两侧和湾岙里。村北山岙里为水田，村后山上为旱地，村子里有小片菜园。西部和南部均为面积宽广的养殖区。

岙里村WorldView-2遥感影像，成像时间2012年3月31日

岙里村，摄于2010年4月16日

岙里村湾

岙里村湾位于西门岛的西南部，面积约 65 hm²，岙里村位于湾口东侧。以公路为界，湾里侧主要为水田，河道穿插其中，湾外侧主要为养殖池塘。

岙里村湾WorldView-2遥感影像，成像时间2012年3月31日

岙里村湾，摄于2010年4月16日

山后村湾

山后村湾位于西门岛东部，是一个经多次围填造地形成的湾岙，面积约36.5 hm²，山后村位于湾岙南侧。湾里侧主要为居民地和广阔的水田，间有水道分布，湾外侧主要为养殖池塘。

山后村湾WorldView-2遥感影像，
成像时间2012年3月31日

山后村湾，摄于2010年4月16日

养殖池塘

　　西门岛上养殖池塘分布较广，集中分布于西门岛北部、西南部和东部海岸，养殖池塘总面积约 82 hm^2，在遥感影像中为规则区块水域，一般有条带状纹理。

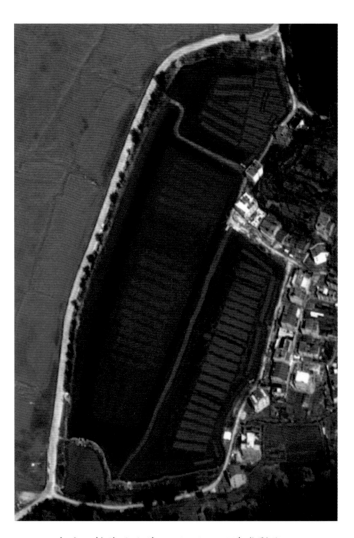

呑里村养殖池塘WorldView-2遥感影像，
成像时间2012年3月31日

南呑山村养殖池塘WorldView-2遥感影像，
成像时间2012年3月31日

呑里村养殖池塘，摄于2012年8月10日（一）

呑里村养殖池塘，摄于2012年8月10日（二）

旱地

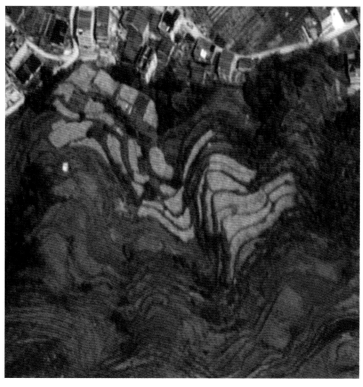

山后村旱地WorldView–2遥感影像，成像时间2012年3月31日

西门岛上旱地主要分布于坡地或平地区域，总面积约112 hm²，在遥感影像上呈规则的斑块状，随季节和种植作物的不同呈不同色调。

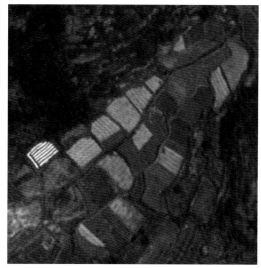

吞里村旱地WorldView–2遥感影像，
成像时间2012年3月31日

山后村旱地，摄于2012年5月6日

山后村菜地，摄于2012年5月6日

② 土地利用变化分析

　　利用多时相遥感影像，对 2000 年至 2012 年西门岛土地利用变化情况进行了监测分析。2000 年至 2006 年间无明显变化，2006 年至 2012 年，西门岛开发建设力度加大，沙门岛大桥、沿岛公路建成开通，有林地转变为公路用地、空闲地和农村宅基地；水田、养殖水面、坑塘水面由于围垦或建设面积发生变化；部分旱地转为农村宅基地和公路用地等。 典型变化区域有以下 5 个：沙门岛大桥附近、西门岛小学、西门岛码头附近、岙里村和白沙岛连岛堤。

土地利用变化区域示意（红线区）
（底图为2012年3月31日成像的WorldView–2遥感影像）

沙门岛大桥桥头

　　2006年沙门岛大桥开始修建，由2007至2012年间4个时相遥感影像可见，2007年时，大桥南侧的西门岛山上绿意葱茏；2010年，大桥基本建好，山体破坏，道路尚在建设开挖中；2012年3月31日图像显示，大桥和道路已全部建好；2012年5月6日图像显示，东部的岸边出现开挖裸地。

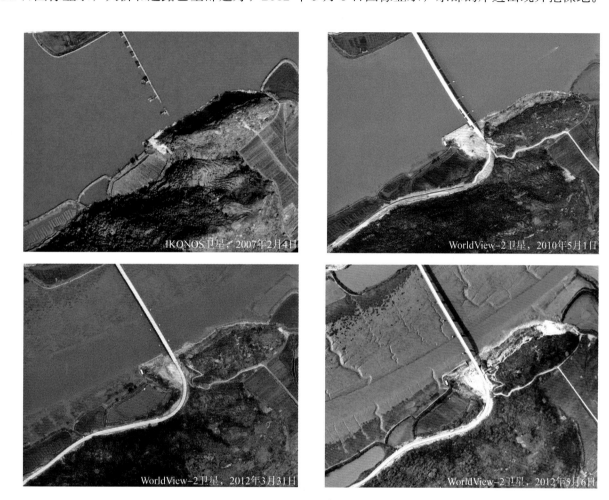

不同时相的遥感影像对比（红线内为变化区域）

沙门岛大桥附近，摄于2009年2月17日

南岙山村公路，摄于2012年5月6日

西门岛寄宿小学

　　2007 年遥感影像显示，小学教学楼和操场已建好，2011 年遥感影像显示，校园已全部建好，西部空地种了树，足球场上设了球门，东部建了篮球场和亭子等。

2007年2月4日成像的IKONOS遥感影像

2011年10月31日成像的WorldView-2遥感影像
（红线内为变化区域）

校园一角

西门岛码头附近

对比 2007 年和 2012 年的遥感影像，西门岛码头附近发生了很大变化：码头西侧原来的空地上正在新建楼房，码头上建了码头海鲜馆，西部居民楼外侧有新的向海围填，形成一块近长方形的陆地。

2007年2月4日成像的IKONOS遥感影像

2011年10月31日成像的
WorldView-2遥感影像
（红线内为变化区域）

新建的房屋，摄于2012年8月10日

码头海鲜馆，摄于2012年8月10日

岙里村

　　对比 2007 年、2010 年和 2012 年的遥感影像，2007 年时的旱地，在 2010 年时新建房屋 5 幢，基本都是正在建设中，尚未完工。2012 年的遥感图像显示， 5 幢楼房均已建好，且又新增一幢，并在南部空地上又开始动工新建一幢房屋。

2007年2月4日成像的IKONOS遥感影像

2010年5月1日成像的WorldView-2遥感影像
（红线内为变化区域）

2012年3月31日成像的WorldView-2遥感影像
（红线内为变化区域）

岙里村，摄于2010年4月16日

白沙岛连岛堤

2011年10月31日的遥感影像显示，西门岛与白沙岛尚未相连，中间水道宽约500 m，2012年3月31日的遥感影像中显示，在白沙岛与西门岛之间已建成连岛堤，堤长约520 m，宽约20 m。同时，白沙岛北部被挖去大块山体，应为该海堤建设所需的填海土石来源之一。

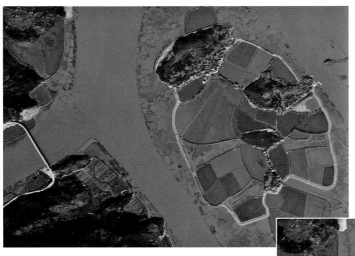

2011年10月31日成像的WorldView-2遥感影像

2012年3月31日成像的WorldView-2遥感影像
（红线内为变化区域）

白沙岛连岛堤，摄于2012年5月6日

第四章　红树林

1 红树林现状监测

　　西门岛的红树林是目前全国最北端的一片红树林。西门岛的红树林由单一的秋茄林组成，最早于 1957 年春天自福建引种栽植，分布于南岙山村的西北及西南滩涂，后因开发活动一度减少至 3 亩（1 亩 = 0.667 hm²）。自建立西门岛海洋特别保护区以来，经多年人工栽种保护，现已形成分布于西北部上码道附近（A 区）、北部（B 区）及西部（C 区）3 大区块，总面积约为 7.9 hm²，A 区、B 区和 C 区的面积分别约为 4.9 hm²、2.8 hm² 和 0.2 hm²。调查中，根据红树林群落的生长阶段，将红树林分为幼苗、中林、成林和老林 4 种类型。

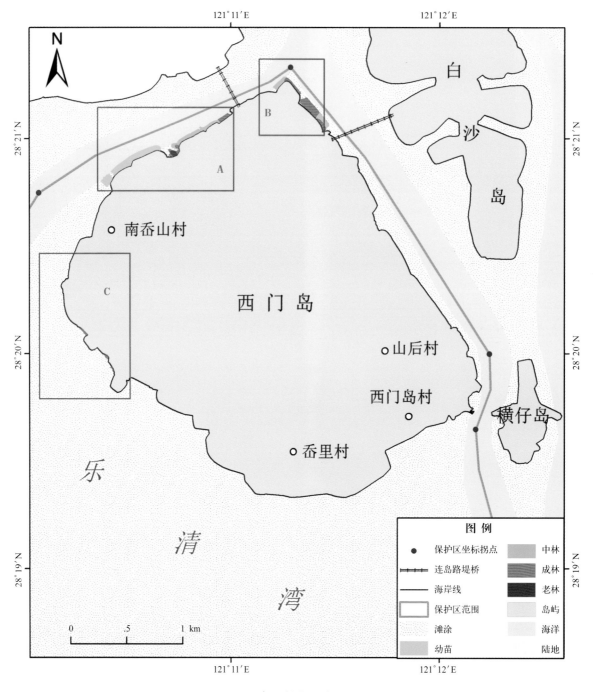

西门岛红树林分布现状

不同类型红树林及其分布统计表

类型	分布	面积（m²）	百分比
幼苗	A区	28 427	36.14%
中林	A、B区	21 185	26.93%
成林	A、B、C区	26 930	34.24%
老林	A区	2 115	2.69%
总计		78 657	100.00%

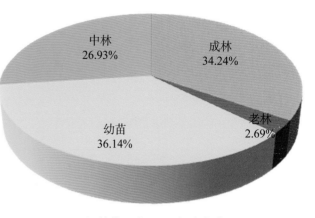

红树林现状不同类型统计

四种红树林类型实例，摄于2010年4月16日

西北部上码道红树林

上码道（A区）是全岛最早种植红树林的地方，现有红树林总面积 49 027 m²。1957 年从福建引种成功保存下来的 3 亩红树林现已长大成老林和成林，东侧红树林多为 2006 年以来栽种，现已长成中林，西侧为近几年栽种的幼林。本区中幼林、中林、成林和老林的面积分别为 28 427 m²、12 718 m²、5 766 m² 和 2 115 m²。

西北部上码道附近航空遥感影像，成像时间为2012年5月6日

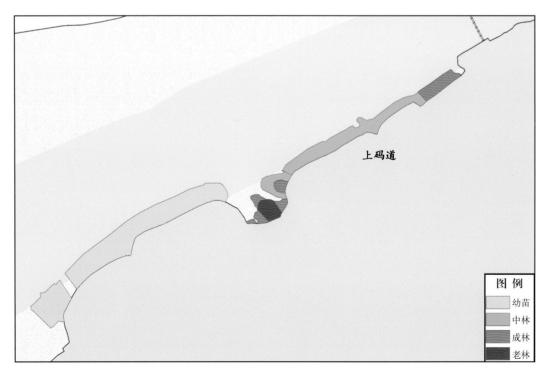

图 例	
	幼苗
	中林
	成林
	老林

西北部上码道红树林遥感解译图

幼林，摄于2010年4月16日

中林，摄于2010年4月16日

最老的红树林群落，摄于2012年8月10日

成林，摄于2012年8月10日

老林，摄于2012年5月6日

北部红树林

　　B区在西门岛北部，是另一个红树林集中分布区，红树林总面积约为 27 754 m²。根据现场调查，该区域的红树林主要为中林和成林，面积分别为 19 286 m² 和 8 468 m²。

2012年5月6日成像的航空遥感影像

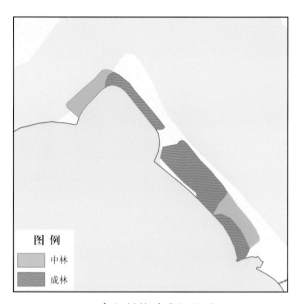

北部红树林遥感解译图

全貌，摄于2010年4月16日

成林，摄于2010年4月16日

中林，摄于2010年4月16日

西部红树林

C 区在西门岛西部，零星分布了多处红树林群落，总面积约 1 879 m²，都为成林，规模均较小，其中最大面积为 760 m²，最小面积仅有 69 m²。

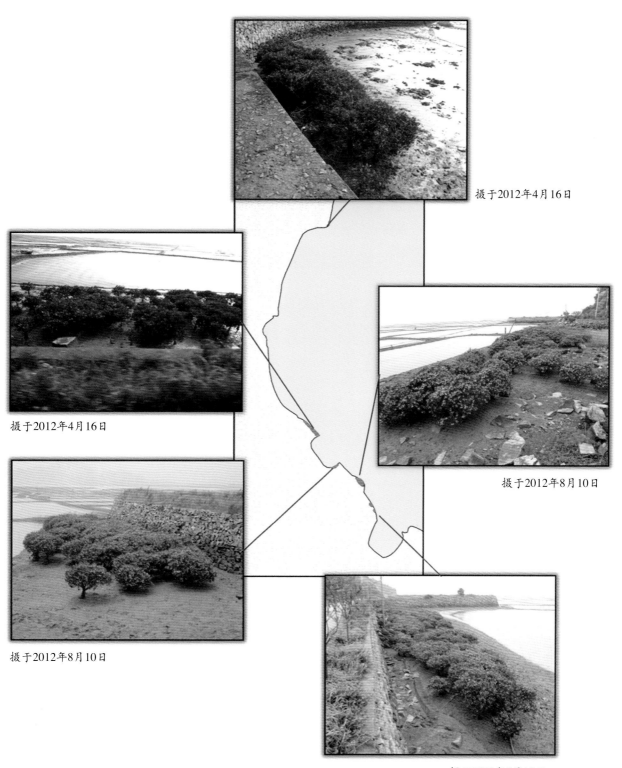

摄于2012年4月16日

摄于2012年4月16日

摄于2012年8月10日

摄于2012年8月10日

摄于2012年8月10日

西部红树林遥感解译图及现场照片

② 红树林变化分析

分布区域变化

　　西门岛保护区建立后，2006年至2012年间，先后进行过多次红树林种植，在西北部的A区和北部的B区新增4处红树林，而西部的零星分布区C区红树林种植面积基本没有发生变化。新增的4处红树林种植区总面积为69 514 m²，且主要是由近岸的光滩、滩涂植被区和滩涂养殖区域转化而来，目前基本以幼苗和中林为主。

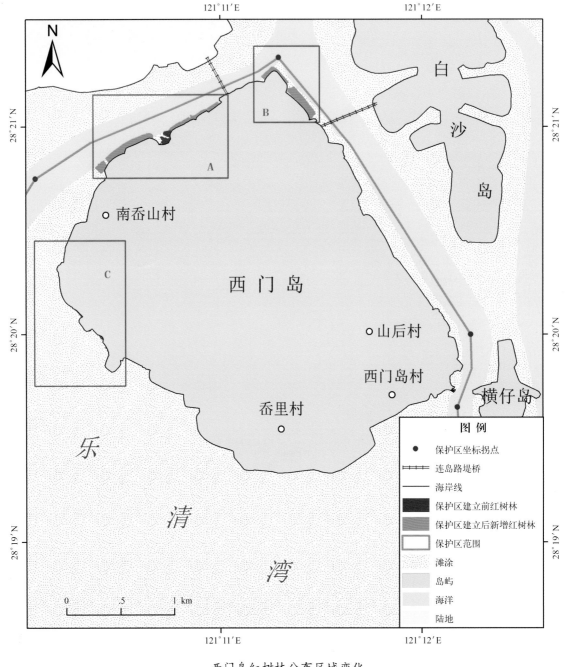

西门岛红树林分布区域变化

红树林生长变化

对 C 区两个小区域位置 I 和位置 II 的红树林进行了多年的跟踪监测。位置 I 有 3 个时期的照片，2002 年照片显示尚为刚种下不久的幼林，种植较密；2009 年照片显示部分已长为成林；2012 年照片显示比 2009 年时又有明显长高。位置 II 有两个时期的照片，2012 年照片显示红树林比 2009 年时明显长高。

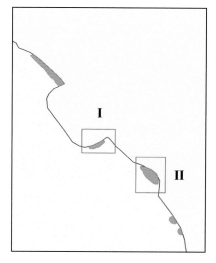

监测区域C位置示意

2002年11月29日

2009年2月17日

位置 I 区域的红树林变化

2012年8月10日

2009年2月17日

2012年8月10日

位置 II 区域的红树林变化

利用2002年以来多个时期的照片呈现西门岛北部（B区）和西北部（A区）上码道红树林在不同季节和年份的变化情况。

西门岛北部（B区）红树林不同年份的照片

西门岛西北部（A区）上码道附近红树林不同年份的照片

第五章 滩涂湿地

1 滩涂湿地现状监测

　　西门岛南面有宽广的淤泥质潮滩，西门岛海洋特别保护区潮滩总面积约为 2 385 hm²，是西门岛及周边渔民的主要耕作地。地貌属脊岭状潮滩 (亦称舌状滩)，滩面比较平坦，滩面树枝状潮沟发育，滩涂互米花草发育良好。西门岛潮滩可分为滩涂植被（多为互花米草）、滩涂养殖、光滩、红树林和水道等五类湿地。

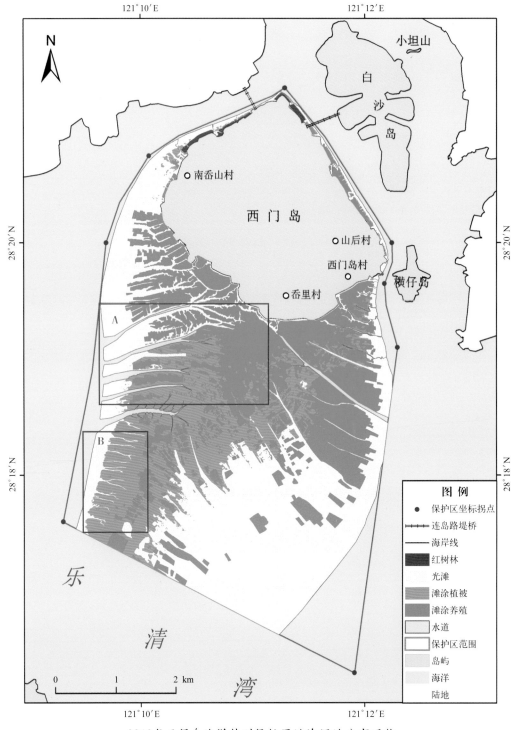

2012年西门岛海洋特别保护区滩涂湿地分布现状
（A区和B区为两个典型潮沟区）

　　根据2012年航空遥感影像的解译结果，滩涂湿地中光滩面积最大，主要分布在西部和东南部；其次为滩涂养殖，主要分布在中部区域；滩涂植被主要分布在西南部区域；红树林面积最小，主要分布在西门岛近岸区域。

2012年滩涂湿地类型统计表

序号	湿地类型	面积（m²）	比例
1	滩涂植被	4 229 688	17.73%
2	滩涂养殖	7 174 789	30.08%
3	光滩	9 331 603	39.13%
4	红树林	78 461	0.33%
5	水道	3 035 271	12.73%
	总计	23 849 812	100%

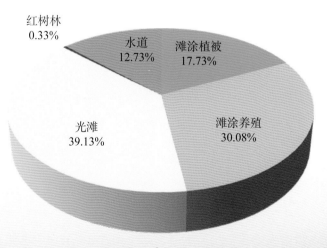

2012年滩涂湿地类型统计

典型潮沟区A

　　2012年5月6日的航空遥感影像中的潮沟，展示了一幅美丽的自然图画。潮滩上的潮沟如一棵棵生长茂盛的大树，其根部源于水道，粗壮的枝干向上延伸，细小的枝杈自由伸展，形态逼真，蔚为壮观。

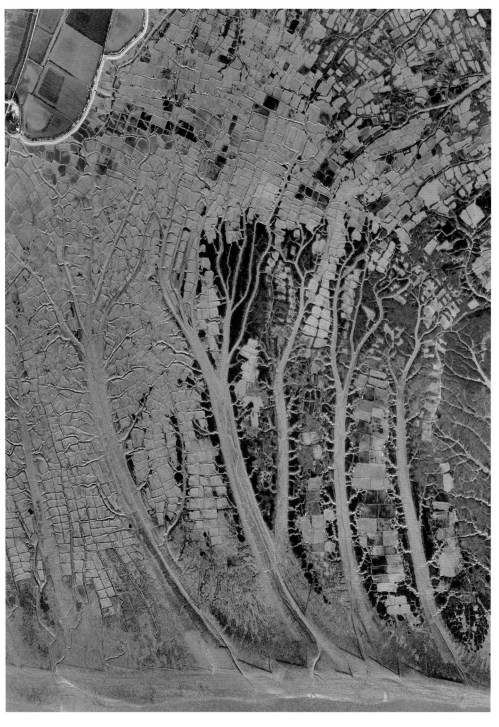

典型潮沟区A航空遥感影像，成像时间2012年5月6日

　　根据遥感影像图，对潮沟区进行解译。浅绿色的西门岛，深绿色的潮滩植被，橙黄色的养殖区，淡蓝色的水道，浅黄色的光滩，组成了另一幅美丽的图画。图幅实际范围东西向为 2 450 m，南北向为 1 990 m。

典型潮沟区A遥感解译图

典型潮沟区B

　　2012年5月6日的航空遥感影像中显示的典型潮沟区B，由十来条依次分布的潮沟组成，展示了一幅美丽的自然图画。潮沟自上而下规模依次减小，根部连接水道，弯曲细长，似九曲回肠一般。潮沟上部伸向滩涂内部，分支丰富。

典型潮沟区B航空遥感影像，成像时间2012年5月6日

　　根据遥感影像图，对潮沟区进行解译。深绿色的潮滩植被，橙黄色的养殖区，淡蓝色的水道，浅黄色的光滩，组成了另一幅美丽的图画。图幅范围东西向为 740 m，南北向为 1 650 m。

典型潮沟区B遥感解译图

典型滩涂湿地类型

　　西门岛海洋特别保护区的典型滩涂类型有滩涂养殖、滩涂植被和光滩，三者交错分布。遥感影像上，滩涂养殖区为不规则区块状，或规则网格状大片分布。光滩分布于水道边缘，纹理光滑，其间有自然弯曲的潮沟发育。滩涂植被主要为互米花草，通常分布于潮沟两侧或光滩两侧，在遥感影像上呈绿色，且纹理较为粗糙。

不规则的滩涂养殖区航空遥感影像

规则网格状的滩涂养殖区航空遥感影像

纹理交错的光滩航空遥感影像（一）

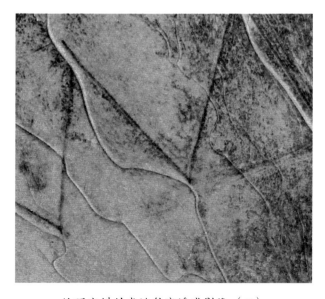

纹理交错的光滩航空遥感影像（二）

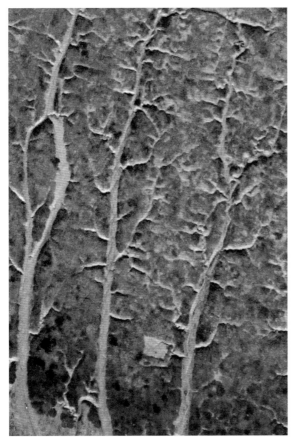
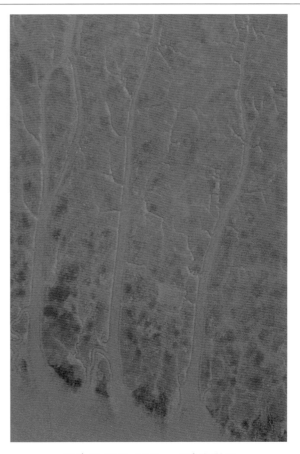

滩涂植被航空遥感影像 滩涂植被WorldView-2遥感影像

光滩，摄于2010年4月16日 滩涂植被，摄于2012年8月10日

滩涂养殖区，摄于2010年4月17日

② 滩涂湿地变化分析

    应用 2000 年、2006 年、2010 年和 2012 年的遥感影像，对西门岛海洋保护区的滩涂湿地进行变化分析。遥感影像图中可见明显的舌状滩。西门岛北部滩面窄，南部滩面宽广。由 4 个时期的遥感影像比较可知，总体上滩涂养殖呈减少的趋势，滩涂植被呈明显增加的趋势。

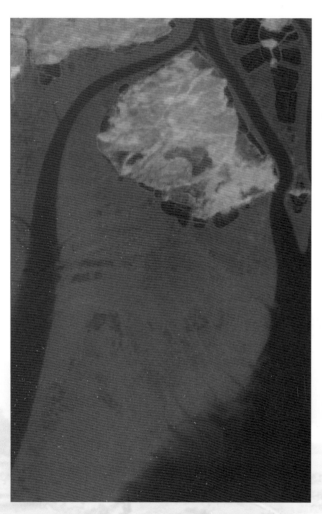

2000年5月13日成像的Landsat-7 ETM+遥感影像

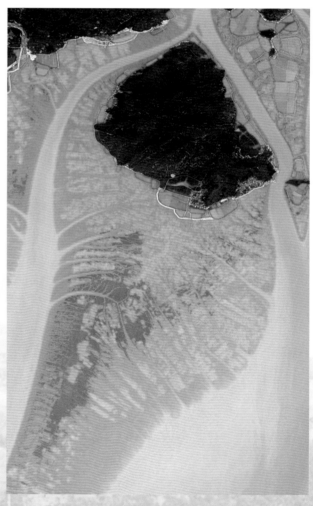

2006年8月19日成像的SPOT-5遥感影像

2012年5月6日成像的航空遥感影像

2010年10月5日成像的WorldView-1全色遥感影像

对 2006 年、2010 年和 2012 年的遥感影像进行了滩涂湿地解译，获得了西门岛海洋特别保护区滩涂湿地信息，并进行了滩涂湿地变化对比分析。结果表明，2006 年到 2012 年间，西门岛海洋特别保护区的滩涂养殖面积呈逐步下降的趋势，相反，滩涂植被面积呈明显增加的趋势；2010 年红树林种植面积较 2006 年有较大的增长，但相对整个滩涂区域而言面积仍很小，而 2012 年红树林种植面积较 2010 年基本保持不变。

2006年、2010年、2012年滩涂湿地统计信息表

	2006年		2010年		2012年	
	面积（m²）	比例	面积（m²）	比例	面积（m²）	比例
滩涂植被	2 918 605	12.16%	4 070 195	16.27%	4 229 688	17.73%
滩涂养殖	7 858 914	32.75%	7 875 249	31.48%	7 174 789	30.08%
光滩	10 096 010	42.07%	9 960 087	39.81%	9 331 603	39.13%
红树林	8 947	0.04%	78 461	0.31%	78 461	0.33%
水道	3 113 913	12.98%	3 035 324	12.13%	3 035 271	12.73%
总计	23 996 389	100%	25 019 316	100%	23 849 812	100%

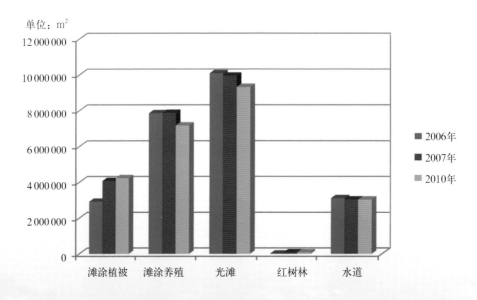

2006年、2010年、2012年滩涂信息统计

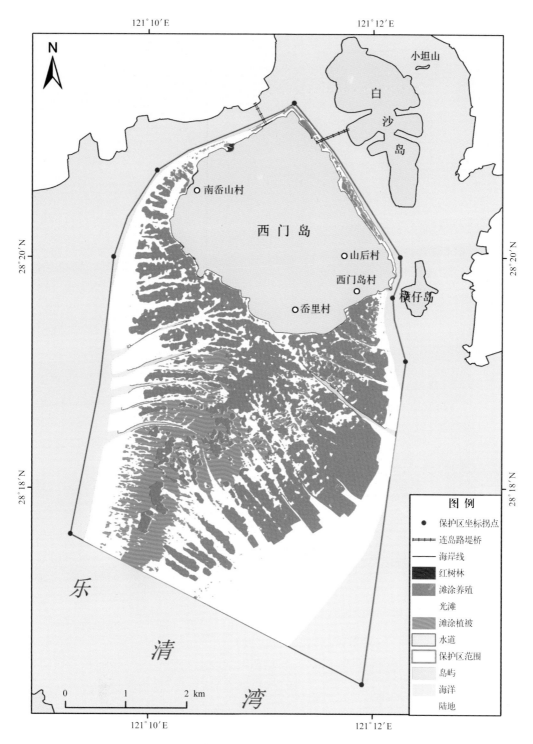

2006年潮滩信息解译
（据2006年8月19日成像的SPOT-5遥感影像解译图）

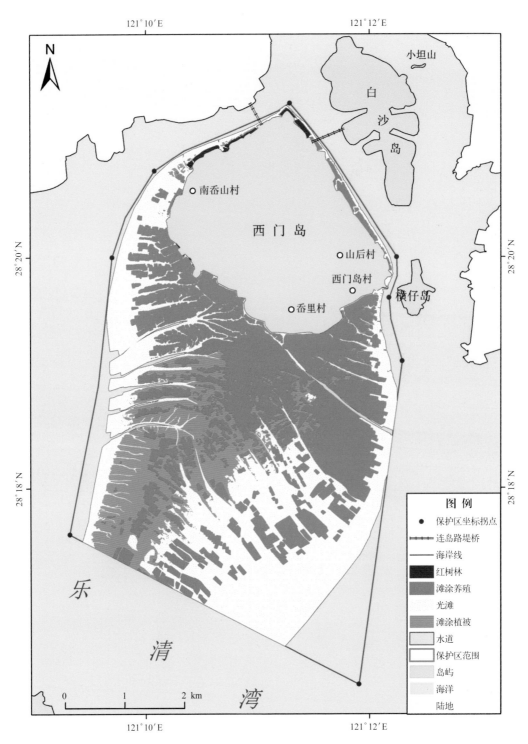

121°10′E   121°12′E

N

小坦山

白沙岛

南岙山村

西门岛

山后村

西门岛村

横仔岛

岙里村

28°20′N

28°18′N

乐清湾

图例

- ● 保护区坐标拐点
- 连岛路堤桥
- 海岸线
- 红树林
- 滩涂养殖
- 光滩
- 滩涂植被
- 水道
- 保护区范围
- 岛屿
- 海洋
- 陆地

0   1   2 km

121°10′E   121°12′E

2010年潮滩信息解译
（据2010年10月5日成像的WorldView-1全色遥感影像解译图）

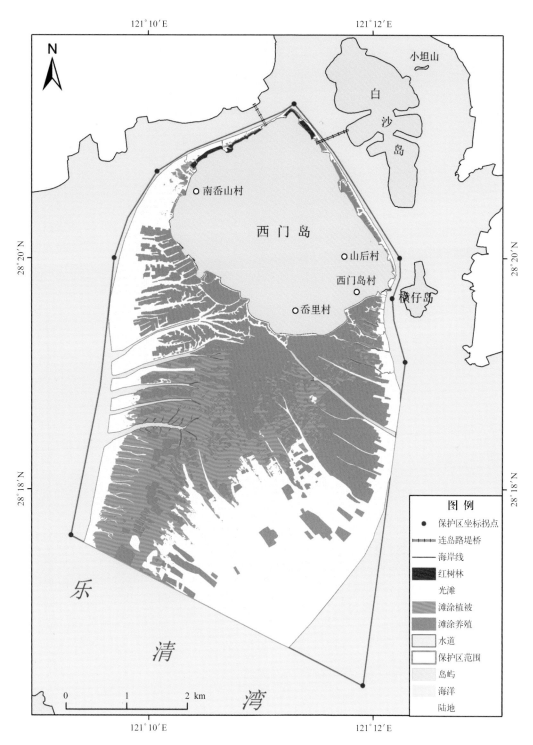

2012年潮滩信息解译
（据2012年5月6日成像的航空遥感影像解译图）

3 功能区滩涂湿地变化分析

在保护区景观格局分析和现场调查资料分析的基础上，进行了功能区划调整，将西门岛海洋特别保护区划分为红树林重点保护区、西门岛适度利用区、南涂适度利用区、生态与资源恢复区等4个功能区。对各功能区滩涂湿地的变化情况进行了统计。

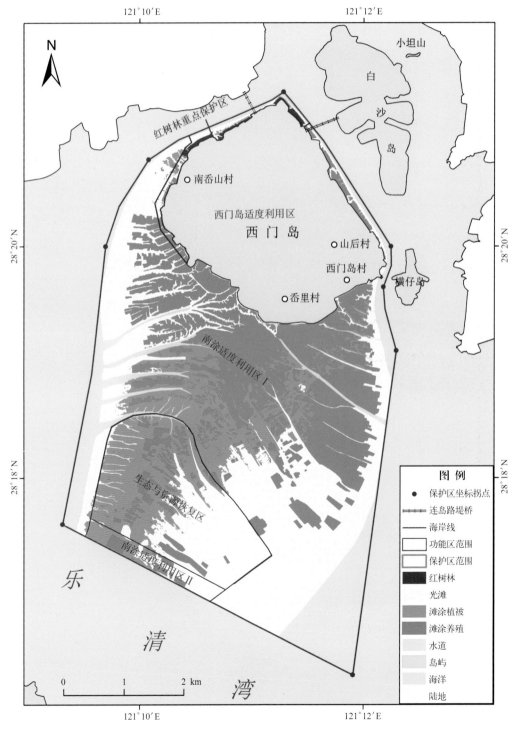

西门岛海洋特别保护区功能分区

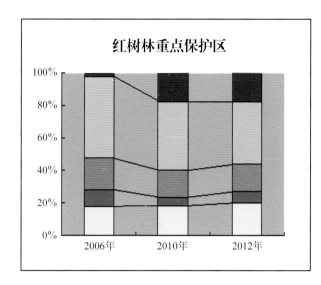

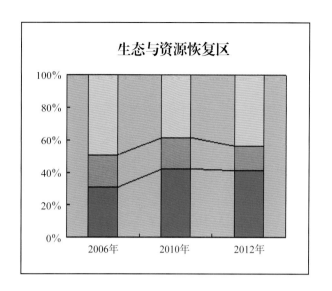

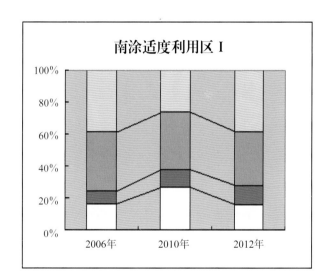

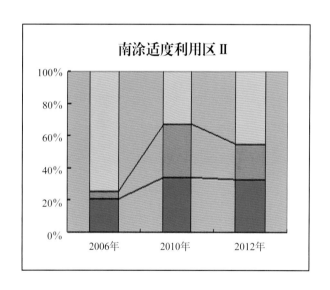

■红树林　　光滩　　滩涂养殖　　滩涂植被　　□水道

各功能区滩涂湿地变化统计

附　图

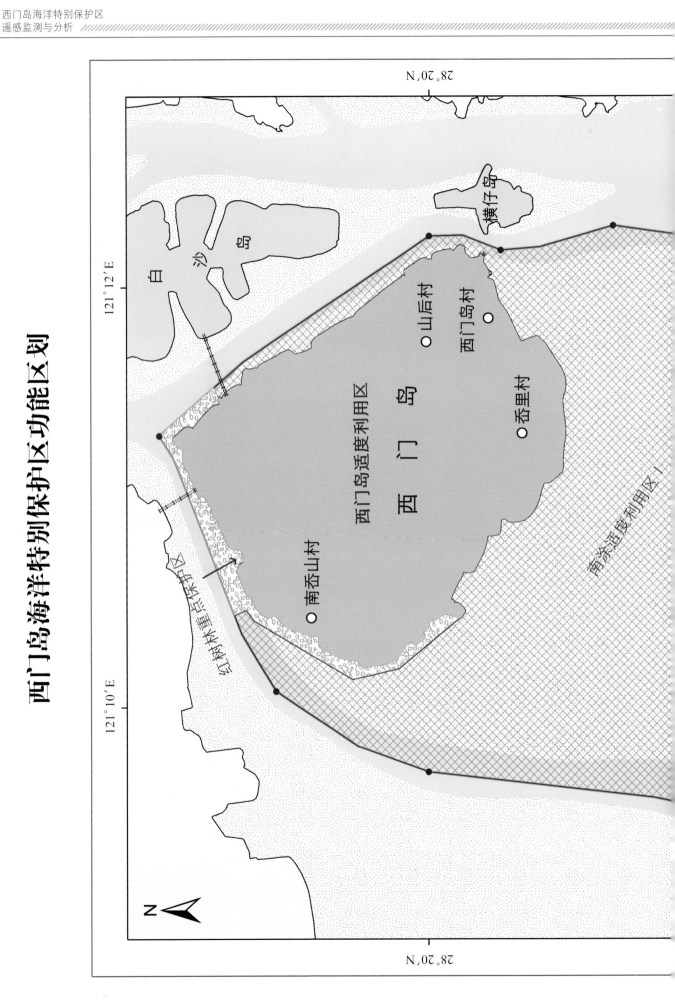

西门岛海洋特别保护区功能区划

28°20′N

121°12′E

121°10′E

28°20′N

白 沙 岛

横仔岛

山后村

西门岛村

盂里村

西门岛适度利用区

西 门 岛

南盂山村

红树林重点保护区

南涂适度利用区 I

N

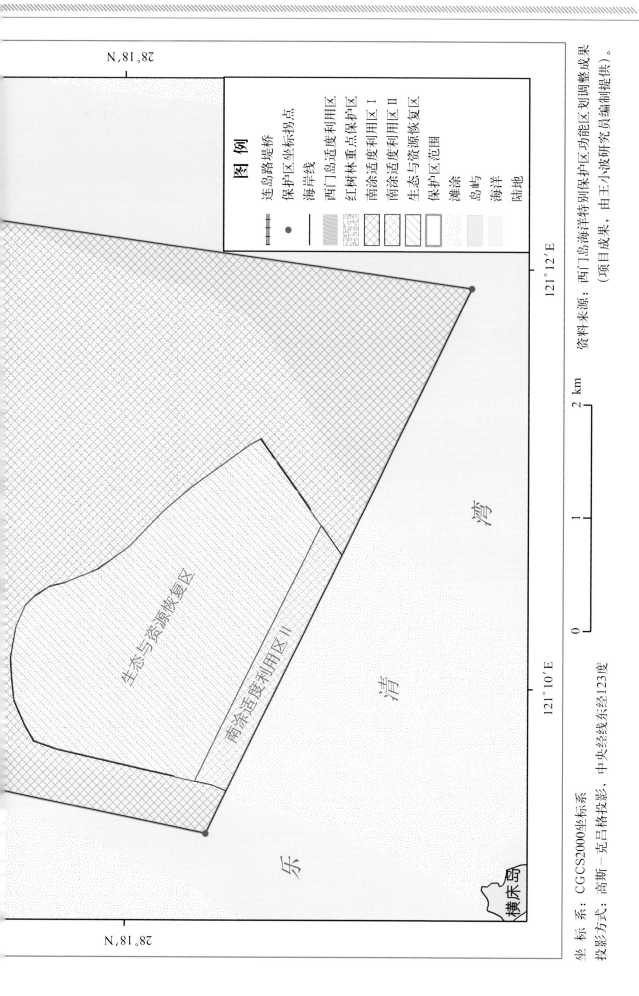

28°18′N

28°18′N

121°12′E

121°10′E

图 例

连岛路堤桥
保护区坐标拐点
海岸线
西门岛适度利用区
红树林重点保护区
南涂适度利用区Ⅰ
南涂适度利用区Ⅱ
生态与资源恢复区
保护区范围
滩涂
岛屿
海洋
陆地

生态与资源恢复区

南涂适度利用区Ⅱ

乐

清

湾

横床岛

0   1   2 km

坐 标 系：CGCS2000坐标系
投影方式：高斯－克吕格投影，中央经线东经123度

资料来源：西门岛海洋特别保护区功能区划调整成果
（项目成果，由王小波研究员编制提供）。

67

2006年西门岛海洋特别保护区遥感影像图

121°10′E

121°12′E

28°20′N

28°20′N

白 沙 岛

横仔岛

沙门岛大桥

西 门 岛

雁荡山火车站

N

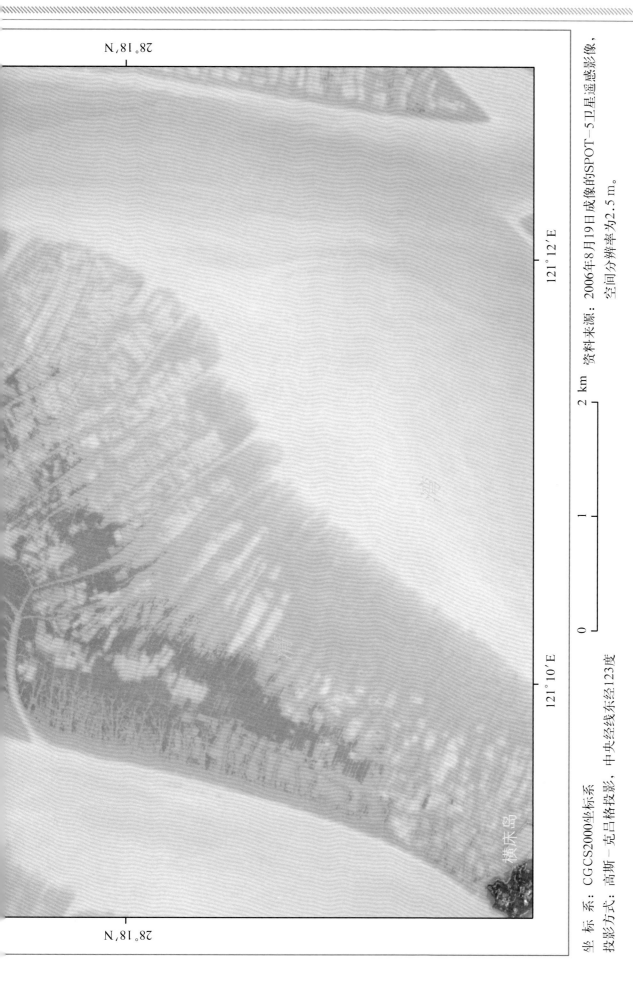

28°18′N

121°10′E 121°12′E

横床岛

湾

0 1 2 km

坐 标 系：CGCS2000坐标系
投影方式：高斯－克吕格投影，中央经线东经123度

资料来源：2006年8月19日成像的SPOT－5卫星遥感影像，
空间分辨率为2.5 m。

2010年西门岛海洋特别保护区遥感影像图

28°20′N

121°12′E

121°10′E

28°20′N

白 ⿓ 岛

横仔岛

西门岛

沙门岛大桥

雁荡山火车站

N

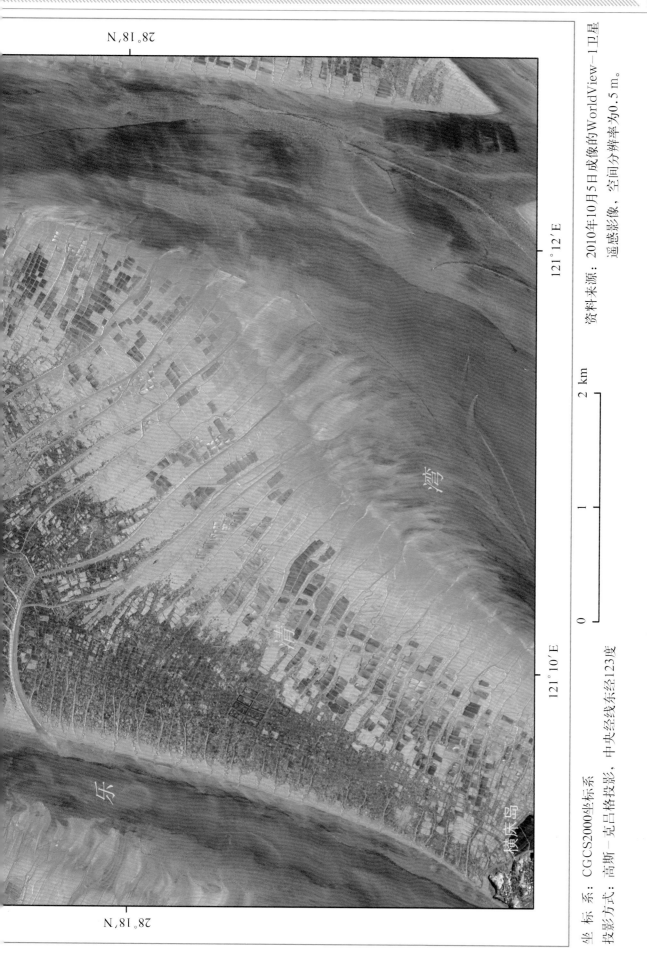

28°18′N

121°12′E

121°10′E

2 km

横床岛

28°18′N

坐 标 系：CGCS2000坐标系　　　　　资料来源：2010年10月5日成像的WorldView-1卫星
投影方式：高斯—克吕格投影，中央经线东经123度　　　　　　遥感影像，空间分辨率为0.5 m。

2011年西门岛海洋特别保护区遥感影像图

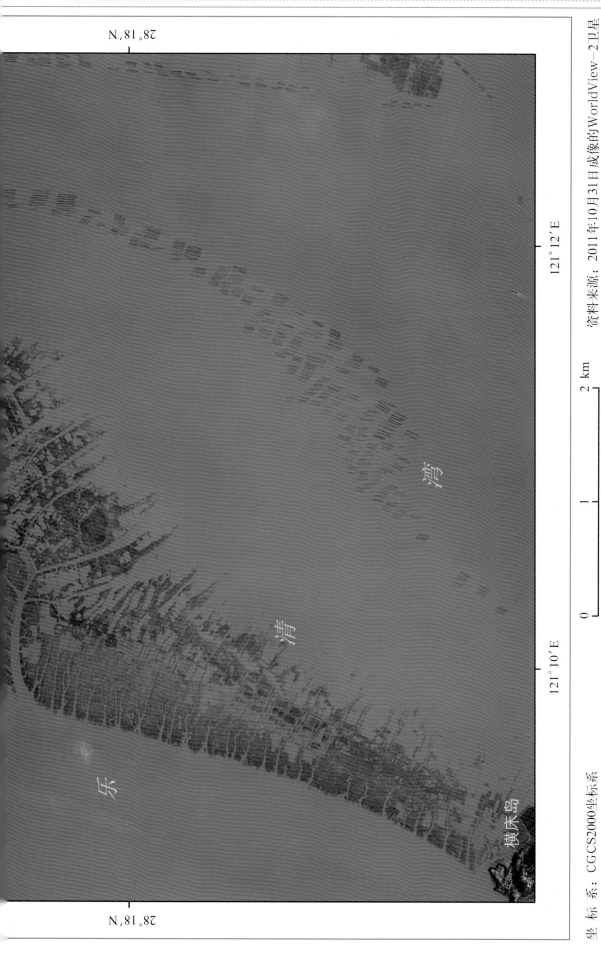

28°18′N

121°10′E 121°12′E

乐

清

湾

横床岛

0 1 2 km

坐 标 系：CGCS2000坐标系　　　　　　　资料来源：2011年10月31日成像的WorldView-2卫星
投影方式：高斯-克吕格投影，中央经线东经123度　　　　　　　遥感影像，空间分辨率为0.5 m。

2012年西门岛海洋特别保护区遥感影像图

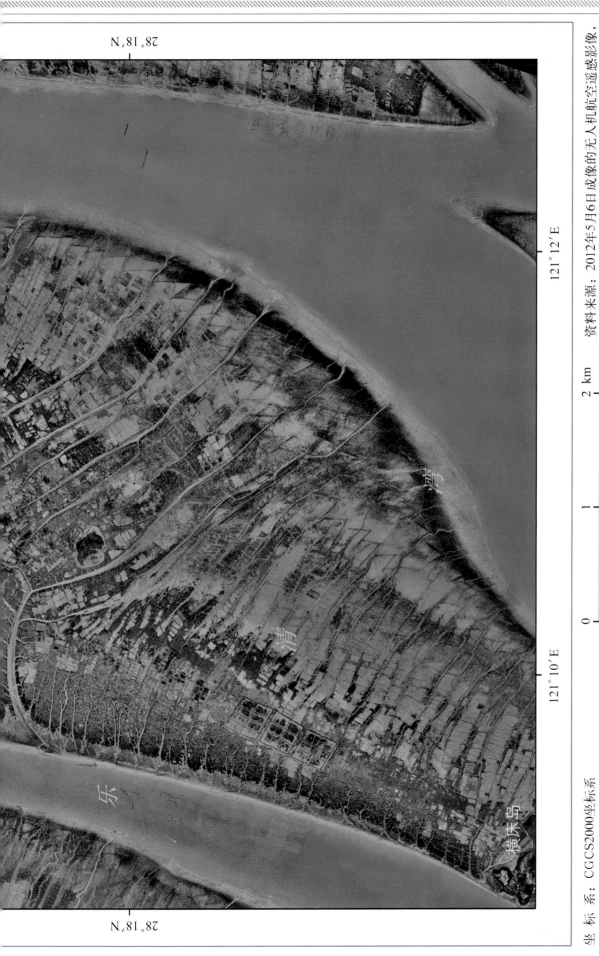

28°18′N

121°12′E

121°10′E

28°18′N

湾

清

乐

横床岛

坐 标 系：CGCS2000坐标系　　　　资料来源：2012年5月6日成像的无人机航空遥感影像，
投影方式：高斯－克吕格投影，中央经线东经123度　　　　空间分辨率为0.4 m。

0　　　　　1　　　　　2 km

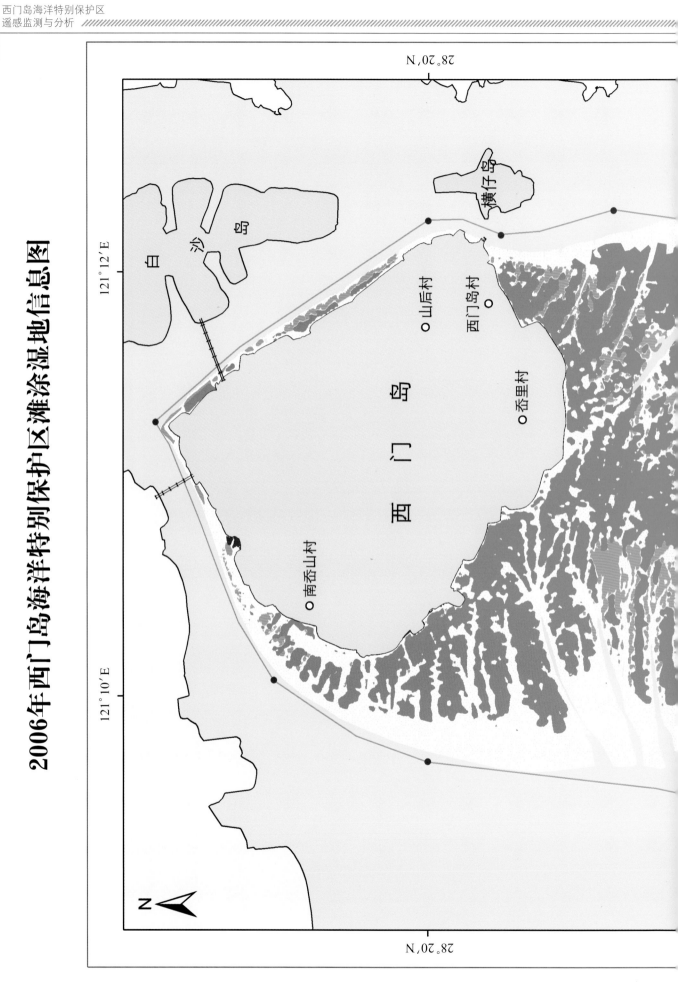

2006年西门岛海洋特别保护区滩涂湿地信息图

28°20′N

121°12′E

白 沙 岛

横仔岛

○山后村

○西门岛村

○岙里村

西 门 岛

○南岙山村

121°10′E

28°20′N

N

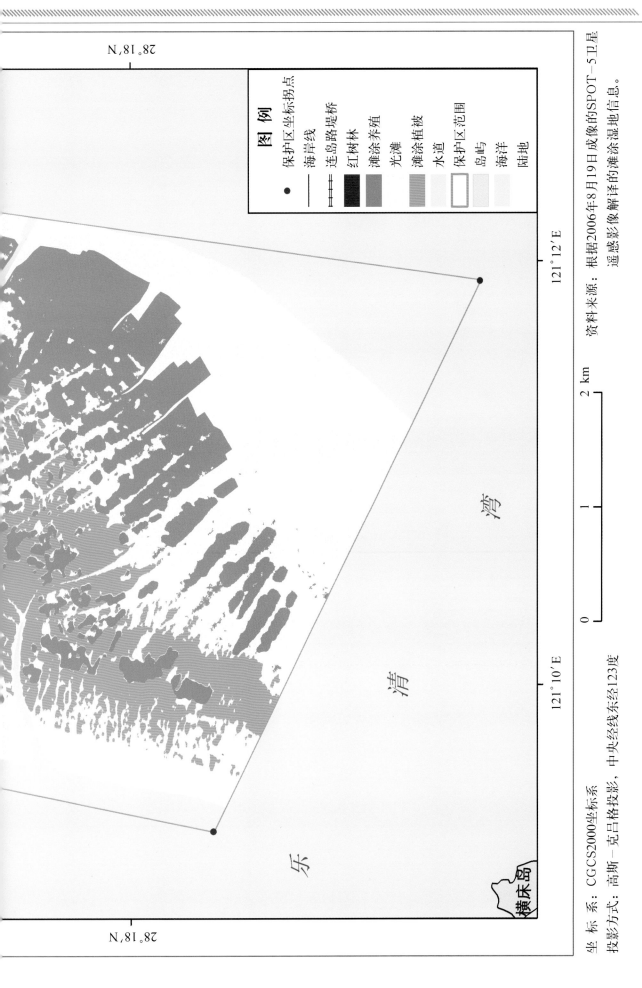

图 例

· 保护区坐标拐点
—— 海岸线
卅卅卅 连岛路堤桥
■ 红树林
■ 滩涂养殖
光滩
滩涂植被
水道
□ 保护区范围
岛屿
海洋
陆地

资料来源：根据2006年8月19日成像的SPOT-5卫星
遥感影像解译的滩涂湿地信息。

28°18′N

121°12′E

121°10′E

0　　1　　2 km

28°18′N

湾

清

乐

横床岛

坐 标 系：CGCS2000坐标系
投影方式：高斯－克吕格投影，中央经线东经123度

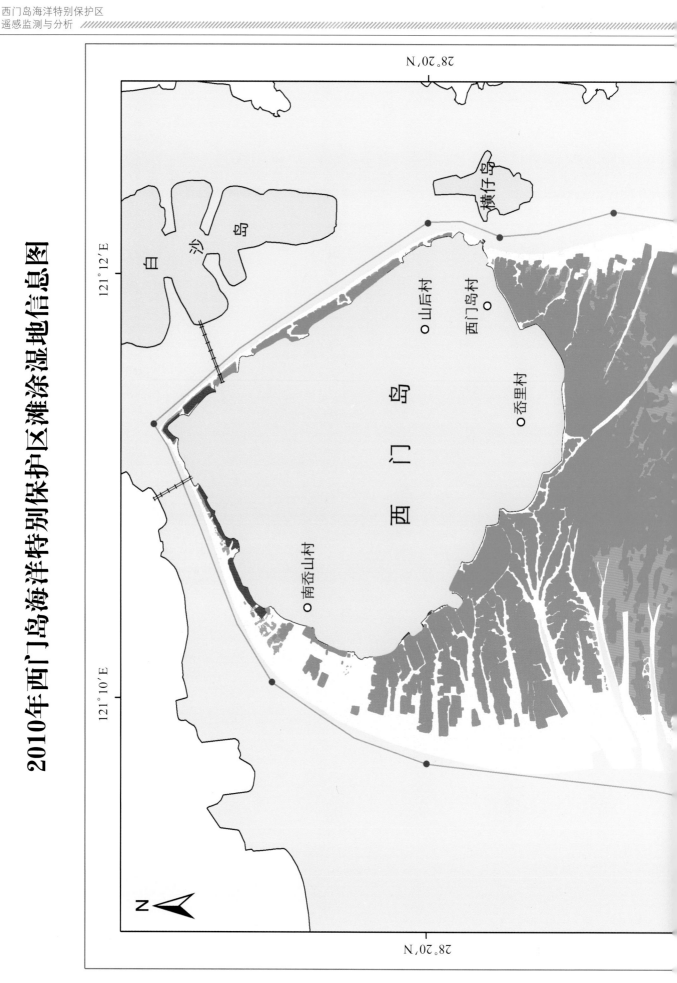

2010年西门岛海洋特别保护区滩涂湿地信息图

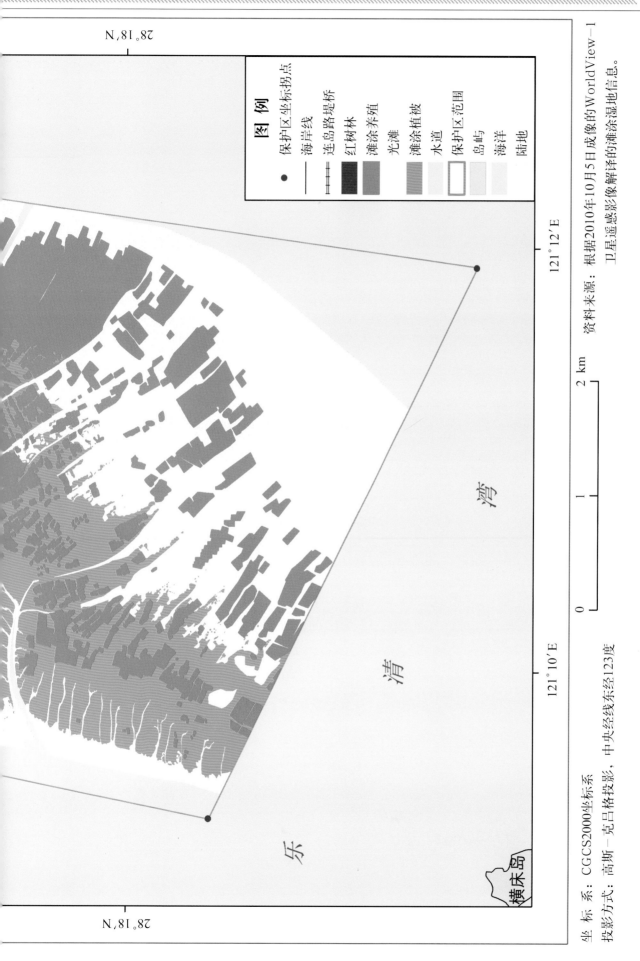

28°18′N

图 例

● 保护区坐标拐点
—— 海岸线
══ 连岛路堤桥
■ 红树林
■ 滩涂养殖
▨ 光滩
▨ 滩涂植被
□ 水道
□ 保护区范围
▨ 岛屿
▨ 海洋
□ 陆地

121°12′E

资料来源：根据2010年10月5日成像的WorldView-1
卫星遥感影像解译的滩涂湿地信息。

0   1   2 km

121°10′E

乐   清   湾

横床岛

28°18′N

坐 标 系：CGCS2000坐标系
投影方式：高斯－克吕格投影，中央经线东经123度

附 图

79

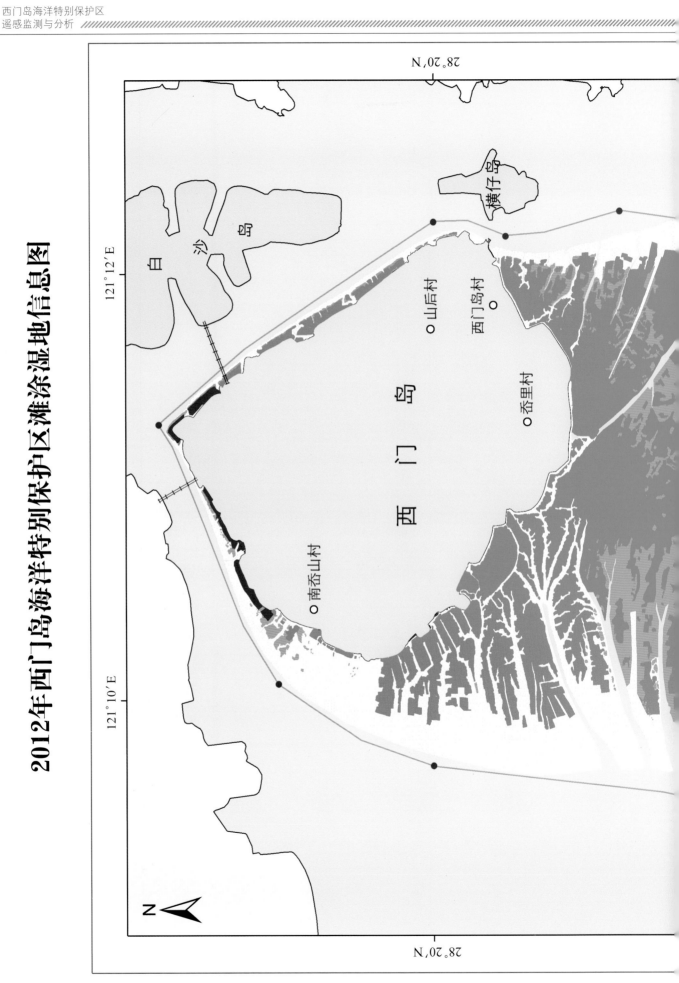

2012年西门岛海洋特别保护区滩涂湿地信息总图

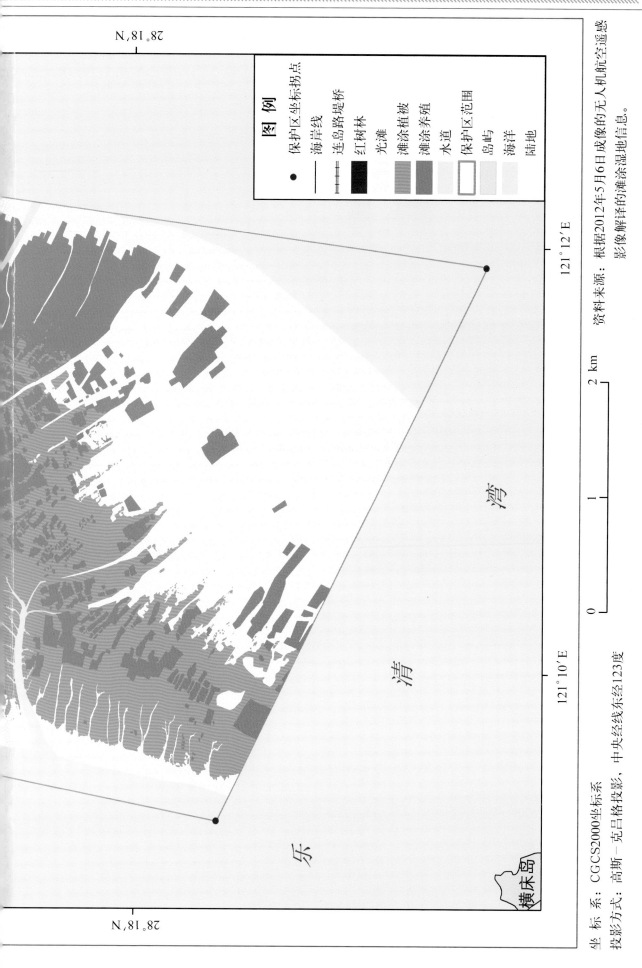

28°18′N

121°12′E

资料来源：根据2012年5月6日成像的无人机航空遥感
影像解译的滩涂湿地信息。

2 km

湾

清

乐

121°10′E

0   1

横床岛

28°18′N

图 例

- 保护区坐标拐点
—— 海岸线
⊢⊣⊢⊣ 连岛路堤桥
▓▓ 红树林
　　 光滩
▒▒ 滩涂植被
▓▓ 滩涂养殖
　　 水道
▢ 保护区范围
　　 岛屿
　　 海洋
　　 陆地

坐 标 系：CGCS2000坐标系 中央经线东经123度
投影方式：高斯－克吕格投影，中央经线东经123度